BEI GRIN MACHT SICH IHR WISSEN BEZAHLT

AF141017

- Wir veröffentlichen Ihre Hausarbeit,
  Bachelor- und Masterarbeit

- Ihr eigenes eBook und Buch -
  weltweit in allen wichtigen Shops

- Verdienen Sie an jedem Verkauf

Jetzt bei www.GRIN.com hochladen und kostenlos publizieren

Peter Heilek

Die Entwicklung des Dritten Sektors

GRIN Verlag

Bibliografische Information der Deutschen Nationalbibliothek:

Die Deutsche Bibliothek verzeichnet diese Publikation in der Deutschen National-
bibliografie; detaillierte bibliografische Daten sind im Internet über http://dnb.d-
nb.de/ abrufbar.

Impressum:

Copyright © 2006 GRIN Verlag GmbH
Druck und Bindung: Books on Demand GmbH, Norderstedt Germany
ISBN: 978-3-640-36428-2

Dieses Buch bei GRIN:

http://www.grin.com/de/e-book/130558/die-entwicklung-des-dritten-sektors

Friedrich-Schiller-Universität Jena

Institut für Geografie

SoSe 2006

Modul 224 – Wirtschaftsgeografie II

Die Entwicklung des Dritten Sektors

Hausarbeit

vorgelegt von:

Peter Heilek
Germanistik, Erziehungswissenschaft, Humangeografie (M.A.)
Semester: 6/6/6

Abgabedatum: 01.06.2006

Inhaltsverzeichnis

1 Einführung

In Wissenschaft und Politik fand er bis vor wenigen Jahrzehnten kaum Beachtung. Und auch heute gibt es in Deutschland nur wenige Institute und Lehrstühle, die sich mit Struktur und Potenzial des Dritten Sektors beschäftigen. Doch in aktuellen Debatten über die Zukunft der modernen Gesellschaft gewinnt der „Nonprofit-Sektor" zusehends an Bedeutung. Doch wie lässt sich dieses neu erwachte Interesse an Funktionen und Möglichkeiten von Stiftungswesen, gemeinnützigen Verbänden, Ehrenamt und privaten Einrichtungen im Kultur- und Freizeitbereich etc. erklären? Einen Teil der Antwort sehen Wissenschaftler in dem Wertewandel sowie den tiefgreifenden wirtschaftlichen und sozialen Veränderungen, „die insbesondere seit 1989 unsere Gesellschaft prägen und ein Ende des industriewirtschaftlichen Wohlfahrtstaates erahnen lassen." (ANHEIER 1998:13) Als ein weiterer Faktor wird der letztlich damit einhergehende Vertrauensverlust gegenüber staatlichen Aktivitäten angeführt, welcher nicht-staatliche Organisationen verstärkt in das Bewusstsein der Öffentlichkeit rücken lässt (Vgl. ebd.).

Wie es jedoch zum Entstehen dieses wirtschaftlichen Sektors „zwischen Markt und Staat", welcher keinesfalls synonym zum Begriff des tertiären Sektors verwendet werden sollte, kam, welche Komponenten ihn konstituieren und wie dieser Sektor sozial in der Gesellschaft verortet ist, wird Thema der vorliegenden Arbeit sein. Hierbei liegt der Fokus der Betrachtung auf der Entwicklung und der gesellschaftspolitischen Bedeutung des Nonprofit-Sektors in Deutschland. Dennoch wird versucht, ebenso einen Einblick in die internationale Entwicklung des Dritten Sektors zu geben und einige Vergleiche zu Deutschland zu ziehen. Darüber hinaus wird der im Laufe der Arbeit zu erläuternden Polyfunktionalität des Sektors ein weiterer Abschnitt gewidmet, welcher zudem einen Ausblick in die Zukunft wagt und Entwicklungschancen sowie Potenziale des Sektors versucht einzuschätzen. In einer abschließenden Zusammenfassung werden die markantesten Eckpunkte der Entwicklung sowie die gesellschafts- und wirtschaftspolitische Relevanz dieses Wirtschaftsbereiches kompakt zusammengestellt.

2 Der Dritte Sektor – Versuch einer Definition

Der Dritte Sektor oder „Nonprofit-Sektor" bezeichnet einen gesellschaftlichen Bereich, der durch ein Neben- und Miteinander von Markt, staatlicher Steuerung bzw. Leistung und gemeinschaftlicher bzw. familiärer Arbeit geprägt ist, in dem jedoch keiner dieser Mechanismen eindeutig vorherrscht (Vgl. SCHUBERT/ KLEIN 2003:87). Dies ist beispielsweise in sozialen Bereichen wie Selbsthilfe- und selbstorganisierten Gruppen der Fall, in welchen die Begünstigten einerseits auf staatliche Hilfe angewiesen sind, andererseits die Art und Weise der benötigten Leistungen und Hilfen individuell sehr unterschiedlich ausfallen kann. Der Begriff Dritter Sektor wird zudem auf Unternehmen angewandt, deren primäres wirtschaftliches Ziel nicht die Gewinnerzielung, sondern die Erbringung einer Leistung (z.B. Beratungsleistungen) oder die Beschäftigung von Arbeitslosen (z.B. Beschäftigungsgesellschaften) ist (Vgl. Ebd.).

Neben den Begriffen „Dritter Sektor" und „Nonprofit-Sektor" wird dieser Bereich verschiedentlich auch als „gemeinnütziger", „wohltätiger", „freiwilliger", „zivilgesellschaftlicher" oder „unabhängiger" Sektor bezeichnet (Vgl. SALAMON 2001:9). Der Begriff ist jedoch nicht zu verwechseln mit dem volkswirtschaftlichen Begriff des tertiären Sektors (Vgl. BELLMANN/DATHE/KISTLER 2002:2). So vielfältig jedoch das Spektrum der Bezeichnungen, so breit gefächert ist auch die Palette an Einrichtungen, die zum Dritten Sektor gezählt werden. Dazu gehören u.a. Krankenhäuser, Universitäten, Vereine, Genossenschaften, Standesorganisationen, Kindergärten, Umweltgruppen, Sportclubs, Menschenrechtsorganisationen und viele mehr. Trotz dieser Vielfalt lassen sich jedoch gemeinsame Merkmale identifizieren. Sie sind allesamt Organisationen, d.h. sie haben einen institutionellen Aufbau und treten öffentlich in Erscheinung. Außerdem sind sie privat organisiert, was bedeutet, dass sie institutionell getrennt vom Staat agieren. Dies verwirklichen sie weitestgehend autonom und nicht gewinnorientiert, d.h. sie schütten an ihre leitenden Angestellten oder sonstige Eigner keine Gewinne aus. Darüber hinaus ist das Mitwirken freiwillig. Es besteht also keine Zwangsmitgliedschaft. Zudem stützen sie sich zumindest zum Teil auf ehrenamtliches Engagement oder Spenden (Vgl. Ebd.).

Die Bereichsbezeichnung konzipiert sich aus einem heuristischen Modell. Der Dritte Sektor charakterisiert demnach ein Ressort, dass „durch die Pole Staat, Markt und Gemeinschaft bzw. Familie begrenzt [ist]" (ZIMMER 2004:16). In diesem Bereich angesiedelte Organisationen folgen einem eigenen Steuerungsmodus, welcher nicht mit dem der Konkurrenzsektoren Markt und Staat übereinstimmt. Im Gegensatz zur Sphäre der öffentlichen Verwaltung zeichnet sich der Dritte Sektor durch ein um ein Vielfaches geringeres Maß an Amtlichkeit und Unpersönlichkeit aus. Die Abgrenzung zur Sphäre der Firmen und Unternehmen vollzieht sich durch die Verfolgung des *nondistribution constraint*. Dieser „Zwang der Nichtverteilung" sieht vor, dass die durch staatliche Förderung, Beiträge, Spenden o.ä. erhaltenen Gelder nicht verteilt, sondern in neue Projekte reinvestiert werden. Dieses Verhalten strebt wider dem bereits oben erwähnten marktwirtschaftlichen Prinzip der Gewinnmaximierung und dient daher als Indikator zur Unterscheidung gegenüber Organisationen, die dem Sektor Markt angehören (Vgl. Ebd.). Die Abgrenzung zum Bereich der Familie geschieht über den Indikator der Zugehörigkeit. Mitgliedschaft und Mitarbeit in Dritte-Sektor-Organisationen beruhen im Gegensatz zum familiären Milieu auf Freiwilligkeit.

Das Ressort des Nonprofit-Sektors unterliegt weder Hierarchie und Macht noch Wettbewerb und Tausch, sondern wird als intermediärer Bereich zwischen den Polen Staat, Markt und Familie charakterisiert (Vgl. ZIMMER 2004:17). Wie sich in den folgenden Kapiteln zeigen wird, bedeutet dies jedoch nicht, dass Organisationen des Dritten Sektors mit den Eckpfeilern Staat, Markt und Familie bewusst konkurrieren. Im Gegenteil. Sie sind Vermittler, schließen Lücken und leisten Aufgaben, welche von den Eckpfeilern allein nur unzureichend zu bewältigen sind. Organisationen dieses Sektors bilden das Verbindungsglied zwischen Individuum und Gesellschaft (Vgl. Ebd.). Hierbei spielt das Engagement des Einzelnen eine elementare Rolle. Solidarität, d.h. wechselseitige Hilfeorientierung, Gemeinsinn und das Vertreten gemeinsamer Werte und Ziele sind als Motiv und Motivation eine unabdingbare Voraussetzung für das Funktionieren derartiger Organisationen. Die Tätigkeiten und Aufgabenbereiche gehen dabei weit über jene von „Geselligkeitsvereinen" hinaus und bedingen zum Teil den Einsatz beträchtlicher organisatorischer, finanzieller sowie personeller Ressourcen. Sie sind somit sozialer, politischer und wirtschaftlicher Faktor und stellen bei zunehmender Professionalisierung auf Grund häufig notwendig werdender Beschäftigung von Hauptamtlichen auch einen Ort von Beschäftigung dar (Vgl. ZIMMER 2004:15).

Durch die Multifunktionalität seiner Organisationen sollte keine einseitige ökonomische Sichtweise (z.B. Dritter Sektor allein als Arbeitsplatzressource) als Analysegrundlage dieses Sektors dienen, sondern ein facettenreicher Blick, welcher versucht, ihn in seiner Gesamtheit zu erfassen und ihn als infrastrukturelle Basis von Zivilgesellschaft erachtet.

3   Entwicklung und Struktur des Dritten Sektors

Während einige Vereine und Verbände in Europa, die heute zum Dritten Sektor zählen, bereits annähernd 200 Jahre alt sind, etablierten sich der Begriff und der Forschungsansatz um den Dritten Sektor in der Wissenschaft erst in den 1970er Jahren. Der US-amerikanische Soziologe ETZIONI sprach 1973 in seinem Artikel „Organizations for the future" erstmals von einer dritten Alternative zwischen Markt und Staat (Vgl. ZIMMER 2004:18). Er ging davon aus, dass der Staat auf Dauer nicht alle Probleme regeln könne und Ermüdungserscheinungen eintreten werden. In Europa nahm man zu dieser Zeit an, dass es zu einer Konvergenz der Systeme, also einer Annäherung von Kapitalismus und Sozialismus kommen werde (Vgl. Ebd.). In den folgenden Jahren wurde die Erforschung dieses Sektors in den USA zügig voran getrieben. Wirtschaftswissenschaftler der Vereinigten Staaten führten die Existenz des „Third Sector" auf eine Reaktion auf Markt- und Staatsversagen zurück. Nonprofit-Organisationen sollten in den USA die durch Kürzung staatlicher Mittel entstandenen Lücken schließen. In Europa hingegen entwickelte sich die Untersuchung des neu klassifizierten Sektors eher zögerlich. Hier konzentrierte man sich mehr auf die Erforschung der sozialen Faktoren, wie Solidarität und Gemeinwohlorientierung (Vgl. Ebd.). Erst in den letzten Jahren wurden Faktoren, wie die demokratiethcorctischc Rclevanz dieses Sektors bzw. die gesellschaftlichen Integrations- und Artikulationsfunktionen thematisiert.

3.1   Entwicklungen in Deutschland

Ähnlich wie in anderen europäischen Ländern kann der Dritte Sektor in Deutschland auf eine lange historische Tradition zurückblicken. „Die Entstehung vieler, heute noch aktiver Nonprofit-Organisationen, wie etwa Krankenhausstiftungen, Kultur- und Turnvereine, reicht weit ins letzte Jahrhundert, ja sogar bis ins Mittelalter zurück." (PRILLER 2001a:14) Die ältesten Organisationen des Dritten Sektors sind kirchliche Stiftungen. Bereits im Frühmittelalter kam es in den Ländern des Heiligen Römischen Reiches Deutscher Nation zur Entwicklung des Verbundsystems „caritas et memoria". Wohlhabende spendeten hierbei ihr Vermächtnis zur Gründung von Anstalten für Notleidende und Kranke. Dies stellte die erste rudimentäre Armenfürsorge sowie Alten- und Krankenpflege dar (Vgl. ZIMMER 2004:45). Besonders prägend für die Entwicklung in Deutschland war jedoch das 19. Jahrhundert. Im Zuge der Kodifizierung des Bürgerlichen Gesetzbuches (BGB) wurden die für Organisationen fortan gültigen Rechtsformen durch den Staat festgelegt und eine allgemeine Genehmigungspflicht für Neugründungen eingeführt. Hiermit wurde unter Garantie ihrer Selbstverwaltung der funktionale Einbau von Organisationen in den staatlichen Verwaltungsprozess gesichert. Zudem kam es zur Differenzierung zwischen primär sozialen Dienstleistungen in staatlich-öffentlichem Auftrag und lebensweltlichem Vereinswesen.

Das Vereinswesen ist fest im 19. Jahrhundert verankert. Im Zuge der Industrialisierung, der Verstädterung und als Reaktion auf die soziale Frage erlebte Deutschland einen regelrechten Vereinsgründungsboom. Vorreiter waren Turn- und Gesangsvereine, später kamen vor allem verschiedenste Sport- und Freizeitvereine hinzu. Zählte man 1864 deutschlandweit nur 38 Vereine mit insgesamt 8000 Mitgliedern, waren es 1914, fünfzig Jahre später, bereits 1563 Vereine mit 225000 Mitgliedern (Vgl. DAUM 1998:21). Vereine sind auch heute noch eine beliebte Rechts- und Organisationsform, um neue Ideen und Initiativen in die Tat umzusetzen. Über 80 Prozent der Dritte-Sektor-Organisationen in Deutschland sind in der Rechtsform des Vereins organisiert. Vereine gelten in der Wissenschaft als Ausdruck und Ergebnis gesellschaftlicher Differenzierung (Vgl. ZIMMER 2004:46).

Der heute erreichte Stand und das spezifische Niveau des Dritten Sektors sind das Ergebnis einer langjährigen Entwicklung der Nonprofit-Institutionen in diesem Land. Die Geschichte hat in den vergangenen 200 Jahren zu drei Grundprinzipien geführt, welche prägend für den gegenwärtigen Dritten Sektor in Deutschland sind. Der „Grundsatz der Selbstverwaltung" hat seinen Ursprung im Zusammenhang mit dem Konflikt zwischen Staat und Bürgertum im 19. Jahrhundert. In einem Staat mit eingeschränkter Versammlungsfreiheit wurde es nun möglich unter staatlicher Genehmigungspflicht Interessenverbände zu gründen. Im Gegenzug zwang der Staat die Bürger, bestimmte Sonderaufgaben sowie ehrenamtliche Tätigkeiten zu übernehmen. Eng damit verknüpft ist der „Grundsatz der Subsidiarität". Er räumt der Erbringung von Wohlfahrtsleistungen und sozialen Diensten durch private Nonprofit-Organisationen Priorität gegenüber staatlicher Intervention ein. Im Rahmen dieses Grundsatzes erkennt der Staat die Selbstverwaltung der Organisation an und garantiert ihr gleichzeitig finanzielle Zuwendungen. „Das Subsidiaritätsprinzip wurde in Deutschland besonders nach dem Zweiten Weltkrieg im Rahmen der Sozialhilfegesetzgebung zu einem fundamentalen Prinzip für die in den Bereichen Gesundheit und Soziale Dienste tätigen Organisationen" (PRILLER 2001a:15). Auf dieser Grundlage entstanden sechs Nonprofit-Verbände der Freien Wohlfahrtspflege, die auch heute weltweit zu den größten Nonprofit-Organisationen gehören: Caritas, Diakonie, Paritätischer Wohlfahrtsverband, Arbeiterwohlfahrt, Deutsches Rotes Kreuz und die Zentralwohlfahrtsstelle der Juden in Deutschland (Vgl. Ebd.). Das dritte Prinzip ist der „Grundsatz der Gemeinwirtschaft". Er besagt, wie oben beschrieben, dass das Ziel der Tätigkeit von entsprechenden Organisationen nicht durch die individuelle Gewinn- oder Vermögensmaximierung geprägt sein darf.

Im Zuge des Transformationsprozesses von industrieller Gesellschaft zu postindustrieller Gesellschaft in den 1960er und 70er Jahren wuchs auch die Vielfalt an Dritte-Sektor-Organisationen. Aus Genossenschaften, Wohlfahrtsorganisationen, Stiftungen und ideellen Vereinigungen gingen u.a. Integrationsunternehmen, Selbsthilfebewegungen, sozio-kulturelle Zentren, Beschäftigungs- und Qualifizierungsunternehmen, Nachbarschaftsinitiativen usw. hervor. Diese knüpfen zum Teil an der älteren sozialwirtschaftlichen Bewegung an, haben aber wesentlich zu deren Modernisierung und Differenzierung beigetragen (Vgl. BIRKHÖLZER 2004:14).

Wirtschaftlich nimmt der Dritte Sektor in Deutschland heute einen weitaus größeren Stellenwert ein, als bisher angenommen wurde. Im Gegensatz zum erwerbswirtschaftlichen und öffentlichen Sektor verzeichnet der Nonprofit-Sektor seit 1960 kontinuierlich steigende Beschäftigungszahlen (Vgl. ZIMMER 2004:55). Zwar macht der Beschäftigtenanteil im Dritten Sektor 1995 lediglich fünf Prozent der Gesamtbeschäftigung (im Vergleich dazu: erwerbswirtschaftlicher Sektor: 80 Prozent; öffentlicher Sektor: 15 Prozent) und 4 Prozent des BSP aus, dennoch ist es der einzige Sektor, der nicht vom Stellenabbau der frühen 1990er Jahre betroffen war. Im Gegenteil. Die Zunahme der Beschäftigten zwischen 1990 und 1995 war größer als die Abnahme im erbwerbswirtschaftlichen und öffentlichen Sektor. Das bedeutet, dass nicht alle Neubeschäftigten „Abwanderer" aus diesen beiden Sektoren sein können und somit, gesamtwirtschaftlich betrachtet, neue Stellen geschaffen wurden (Vgl. Ebd.). Doch wie kommt es zu dieser Entwicklung? Zum Einen ist der Zuwachs an Arbeitsplätzen durch die Ausweitung des Bedarfs an Dienstleistungen in der postindustriellen Gesellschaft zu erklären. Zum Anderen unterliegen die Organisationen dieses Sektors nicht dem strengen Rationalisierungsdruck jener im erwerbswirtschaftlichen Sektor, da sie nicht profitorientiert agieren und damit die Konkurrenzsituation nicht in dem Maße gegeben ist. Zudem brachte der Aufbau dieses Sektors nach 1990 in den neuen Bundesländern eine nicht geringe Anzahl neuer Stellen mit sich. Außerdem findet die Finanzierung des Sektors nicht über den Markt statt, folgt also nicht dessen Regulierungen. Die größte Teil der Gelder sind staatliche Fördermittel oder werden über Gebühren eingebracht. Ein geringerer Anteil stammt aus Spenden, Beiträgen und Sponsoring. Die meisten staatlichen Fördergelder gehen an die Bereiche Gesundheitswesen, Soziale Dienste sowie Bildung und Forschung (93 Prozent). Nur sieben Prozent kommen kleineren Projckten und Initiativen zu Gute (Vgl. PRILLER 2001a:22). Dadurch wird wiederum deutlich, dass sich Organisationen in den Bereichen Kultur, Freizeit, Sport und Umwelt verstärkt auf ehrenamtliches Engagement stützen müssen, um ihre Projekte zu verwirklichen. Dies fordert vom Einzelnen ein besonderes Maß an Engagement und Motivation ein, was jedoch bei gemeinschaftlicher Arbeit an Projekten eine nicht zu unterschätzende integrative, sozial bindende sowie gesellschaftspolitische Funktion erfüllt (Vgl. ZIMMER 2004:56). „Gemäß den Ergebnissen repräsentativer Befragungen zum ehrenamtlichen Engagement der Bevölkerung ist in Deutschland jeder fünfte erwachsene Bürger in einem spürbaren zeitlichen Umfang in Nonprofit-Organisationen unentgeltlich tätig" (PRILLER 2001a:16).

3.2 Entwicklungen im internationalen Vergleich

Dritte-Sektor-Organisationen befinden sich international im Aufwind. Nachdem sich die Konzepte einer reinen Markt- wie auch einer reinen Staatsorientierung als Irrwege erwiesen haben, suchen Politiker in vielen Ländern daher heute nach alternativen Lösungen, „die sich einer einfachen Zuordnung zu einem marktwirtschaftlichen oder staatsorientierten Modell entziehen und vor allem die zivilgesellschaftliche Komponente stärker berücksichtigen" (PRILLER 2001b:30). Auf Grund ihrer Bürgernähe und Flexibilität sind Dritte-Sektor-Organisationen als Teil der Zivilgesellschaft eine wichtige Größe bei der Suche nach einem Kompromiss „zwischen" Markt und Staat geworden (Vgl. Ebd.). Um die Relevanz des Dritten Sektors in globaler Hinsicht beurteilen zu können, hat das „Johns Hopkins Comparative Nonprofit Sector Project" 22 Länder, darunter u.a. Deutschland, Australien, USA, Frankreich, Israel, Brasilien, China etc., hinsichtlich Potenzial und Funktionsweise entsprechender Organisationen untersucht. Das Projekt kommt zu dem Ergebnis, dass der Sektor einen weltweit durchaus bedeutenden Wirtschaftsfaktor darstellt. So gibt es in den 22 Ländern im Dritten Sektor beispielsweise deutlich mehr Beschäftigte als in den Unternehmen der Versorgungs-, Textil-, Druck-, Papier- oder Chemieindustrie. Bildete der Dritte Sektor aller untersuchten Länder eine selbstständige Volkswirtschaft, so wäre sie die achtgrößte der Welt (Vgl. PRILLER 2001b:31). Trotz der insgesamt großen internationalen Bedeutung des Nonprofit-Sektors treten jedoch starke nationale und regionale Unterschiede auf. So ist der Sektor in den westlichen Industrieländern um ein Vielfaches stärker ausgeprägt als beispielsweise in Lateinamerika oder Osteuropa. Doch entgegen einiger Annahmen verfügen die USA nicht über den anteilig größten Nonprofit-Sektor. Gemessen an den Beschäftigtenzahlen weisen einige westeuropäische Länder, wie die Niederlande, Irland und Belgien einen vergleichsweise größeren Dritten Sektor als die Vereinigten Staaten auf (Vgl. Ebd.).

Deutschland weist im internationalen Vergleich einen überdurchschnittlich großen Dritten Sektor auf. Er ist ausgeprägter als beispielsweise in Frankreich oder Großbritannien. Interessant ist jedoch, dass in Deutschland das Bildungswesen im Vergleich zu Großbritannien beschäftigungsmäßig nicht so stark ausgeprägt ist, was daran liegt, dass dies im Gegensatz zum Königreich in Deutschland weitestgehend staatlich organisiert ist (Vgl. ZIMMER 2004:57). Hier binden die Sozialen Dienste sowie das Gesundheitswesen vergleichsweise die meisten Beschäftigten, was laut ZIMMER mit der in Deutschland vorherrschenden „dualen Struktur", d.h. gesetzlich zugesicherter Bestandssicherung und Förderverpflichtung freier Träger zusammenhängt (Vgl. Ebd.). Bereiche wie Umwelt- und Naturschutz sowie internationale Aktivitäten sind im Nonprofit-Sektor global gesehen auf dem Vormarsch, wenngleich sie aktuell lediglich zwei Prozent des Dritten Sektors ausmachen und weitestgehend auf freiwilliges Engagement angewiesen sind.

3.3 Polyfunktionalität und Zukunftschancen

Wie in den vorangehenden Kapiteln gezeigt wurde, übernehmen Organisationen des Dritten Sektors vielfältigste soziale Aufgaben und erfüllen somit wichtige gesellschaftliche Funktionen. Dies reicht von partizipativen und integrativen Funktionen durch die Einbindung von Individuen in Gruppen über meinungs- und konsensbildende Funktionen durch Debatten und gemeinsame Initiativen bis hin zur Entlastung des Staates durch unterstützende Aktivitäten von Nonprofit-Organisationen. Dieses Potenzial sollte auch in der Politik statt als Bürde verstärkt als „Chance zur Modernisierung" begriffen werden (ZIMMER 2004:21). MESSNER stellt fest, dass sich durch eine Art „organisierter Gesellschaft" gesellschaftliche „Bindekräfte" herausbilden, die eine Übernahme der Vermittlerrolle des Dritten Sektors zwischen Staat, Markt und Gemeinschaft weiter unterstützen würde (Vgl. MESSNER 2000:109).

Dritte-Sektor-Organisationen sind in Form von karitativen Verbänden „soziale Dienstleister", welche in Bezug zum Markt alternative Wohlfahrtproduzenten darstellen. In Form von bürgernahen Vereinen tragen sie zur Persönlichkeits- und Vertrauensbildung in der Bevölkerung bei. Einige Organisationen (wie z.B. Sozialversicherungen) haben den Bezug zur Basis eingetauscht gegen einen festen Einbau ins sozialstaatliche System (Vgl. ZIMMER 2004:24). Das sichert eine organisierte Finanzierung durch staatliche Mittel, bringt aber Abhängigkeit und Einflussnahme staatlicherseits mit sich. Diese Beispiele zeigen, dass Dritte-Sektor-Organisationen gleichzeitig Sozialintegratoren, Lobbyisten und Dienstleister sind. In der Rolle des Vermittlers zwischen gesellschaftlichen Teilbereichen müssen „Staat" und „Bürger" gleichermaßen Zielgruppe von Nonprofit-Organisationen sein. Einerseits ist mit Unterstützung des Staates Politik legitimierbar und umsetzbar, andererseits bilden Zusammenschlüsse von Bürgern ein gutes Gegengewicht zur staatlichen Macht (Vgl. Ebd.). Wissenschaftler sehen im Dritten Sektor durchaus eine Chance für die Linderung der Krise der Arbeitsgesellschaft. Bei einer weiteren positiven Entwicklung des Dritten Sektors entstünden Stellen für zahlreiche Voll-, Teilzeit- und Minijobs. Um dies umsetzen zu können, ist jedoch zuvor eine Neuorientierung in der Sozialpolitik nötig, weg von individueller Wohlstandssicherung hin zu Entwicklung und Erhalt gesellschaftlicher Innovationspotenziale und weg vom Nimbus traditioneller Erwerbstätigkeit (Vgl. ZIMMER 2004:27).

4 Zusammenfassung

„Dritter Sektor" bezeichnet eine Vielzahl von Organisationen sozialer Wirtschaft und zivilgesellschaftlichen Engagements. Dieser Begriff wird synonym zum Terminus „Nonprofit-Sektor" verwendet. Er ist vom eher produktionsorientierten und volkswirtschaftlichen Begriff des „tertiären Sektors" zu unterscheiden. Zum Bereich des Dritten Sektors zählen u.a. Stiftungen, Verbände, Vereine, nichtstaatliche Bildungseinrichtungen, Behindertenwerkstätten o.ä., welche teilweise auf eine Jahrhunderte lange Tradition zurückblicken können (Vgl. SEDLA-CEK 2003:17). Der Nonprofit-Sektor stellt einen intermediären Bereich zwischen Staat, Markt und Gemeinschaft bzw. Familie dar. Er funktioniert weder nach den Prinzipien der Hierarchie und Macht (Staat) noch unterliegt er den Regulierungen Wettbewerb und Tausch (Markt). Seine Aufgabe ist es, funktionale Lücken zu schließen, welche die beiden anderen Sektoren nicht (mehr) wahrnehmen können.

Der Dritte Sektor funktioniert nach einem eigenen Steuerungsmodus von Solidarität und gesellschaftlicher Sinnstiftung. Entsprechende Organisationen verfolgen nicht das Ziel der Gewinnmaximierung, sondern reinvestieren finanzielle Mittel in neue Projekte. Eine zentrale Rolle spielt bei dieser Arbeit das ehrenamtliche Engagement, welches Motiv und Motivation zugleich beim in Angriff nehmen neuer Projekte und Initiativen darstellt. Der Großteil staatlicher Fördergelder (93 Prozent) geht an große Wohlfahrtsverbände und etablierte Sportverbände. Kleinere Initiativen und Projekte erhalten nur einen Bruchteil (sieben Prozent). Im Bereich des Gesundheitswesens und der Sozialen Dienste finanzieren sich Dritte-Sektor-Organisationen in Deutschland zu einem Drittel aus Gebühren und zu zwei Dritteln aus öffentlichen Zuwendungen. Im Jahr 2000 arbeiteten rund fünf Prozent der Arbeitnehmer in Deutschland hauptberuflich im Dritten Sektor. Im weltweiten Vergleich liegt Deutschland damit über dem Durchschnitt. Um den Dritten Sektor zukünftig in seiner Funktion als sozialen, politischen und wirtschaftlichen Faktor sowie als Ort von Beschäftigung zu schätzen bzw. von ihm zu profitieren, ist ein Umdenken in der Sozialpolitik weg vom Nimbus traditioneller Erwerbstätigkeit notwendig.

5 Literaturverzeichnis

ANHEIER, H. (1998[2]): Der Dritte Sektor in Deutschland. Organisationen zwischen Staat und Markt im gesellschaftlichen Wandel. Berlin: Ed. Sigma.

BELMANN, L; DATHE, D.; KISTLER, E. (2002): Der „dritte Sektor". Beschäftigungpotenziale zwischen Markt und Staat. Nürnberg: IAB-Kurzberichte 18/2002.

BIRKHÖLZER, K. (2005): Dritter Sektor – drittes System. Theorie, Funktionswandel und zivilgesellschaftliche Perspektiven. Wiesbaden: VS, Verlag für Sozialwissenschaften.

BIRKHÖLZER, K. (2004): Der Dritte Sektor: Partner für Wirtschaft und Arbeitsmarkt. Wiesbaden: VS-Verlag für Sozialwissenschaften.

DAUM, R. (1998): Zur Situation der Vereine in Deutschland. Baden-Baden: Nomos Ver-Lagsgesellschaft.

MESSNER, D. (2000): Gesellschaftliche Determinanten wirtschaftlicher Entwicklung in der Weltwirtschaft: Markt, Netzwerksteuerung und soziale Gerechtigkeit als Elemente einer Globalisierungsstrategie jenseits des Neoliberalismus. In: Brunkhorst; Kettner (2000): a.a.O., S. 90-130

PRILLER, E. (2001a): Der Dritte Sektor: Wachstum und Wandel. Gütersloh: Verlag Bertelsmann-Stiftung.

PRILLER, E. (2001b): Der Dritte Sektor international: mehr Markt – weniger Staat? Ed. Sigma.

SALAMON, L. (2001[2]): Der Dritte Sektor: aktuelle internationale Trends; eine Zusammenfassung. Gütersloh: Verlag Bertelsmann-Stiftung.

SCHUBERT, K.; KLEIN, M. (2003[3]): Das Politiklexikon. Bonn: Dietz.

SEDLACEK, P. (2003): Dienstleistungen in Deutschland – Hoffnung oder Enttäuschung des 21. Jahrhunderts?. In: Geographie und Schule, Heft 141. Köln: Aulis Verlag, S. 12-18

ZIMMER, A. (2004): Gemeinnützige Organisationen im gesellschaftlichen Wandel. Wiesbaden: VS-Verlag für Sozialwissenschaften.